essentials

essentials liefern aktuelles Wissen in konzentrierter Form. Die Essenz dessen, worauf es als „State-of-the-Art" in der gegenwärtigen Fachdiskussion oder in der Praxis ankommt. *essentials* informieren schnell, unkompliziert und verständlich

- als Einführung in ein aktuelles Thema aus Ihrem Fachgebiet
- als Einstieg in ein für Sie noch unbekanntes Themenfeld
- als Einblick, um zum Thema mitreden zu können

Die Bücher in elektronischer und gedruckter Form bringen das Expertenwissen von Springer-Fachautoren kompakt zur Darstellung. Sie sind besonders für die Nutzung als eBook auf Tablet-PCs, eBook-Readern und Smartphones geeignet. *essentials:* Wissensbausteine aus den Wirtschafts-, Sozial- und Geisteswissenschaften, aus Technik und Naturwissenschaften sowie aus Medizin, Psychologie und Gesundheitsberufen. Von renommierten Autoren aller Springer-Verlagsmarken.

Weitere Bände in der Reihe http://www.springer.com/series/13088

Julia van Berck · Manfred Knye ·
David Matusiewicz

Automotive Health

Gesundheit im Auto im (Rück-)Spiegel der Kundenbedürfnisse

Julia van Berck
FOM Hochschule für Oekonomie &
Management
Essen, Deutschland

Manfred Knye
Volkswagen AG
Wolfsburg, Deutschland

David Matusiewicz
FOM Hochschule für Oekonomie &
Management
Essen, Deutschland

ISSN 2197-6708 ISSN 2197-6716 (electronic)
essentials
ISBN 978-3-658-27284-5 ISBN 978-3-658-27285-2 (eBook)
https://doi.org/10.1007/978-3-658-27285-2

Die Deutsche Nationalbibliothek verzeichnet diese Publikation in der Deutschen Nationalbibliografie; detaillierte bibliografische Daten sind im Internet über http://dnb.d-nb.de abrufbar.

Springer Gabler
© Springer Fachmedien Wiesbaden GmbH, ein Teil von Springer Nature 2019

Springer Gabler ist ein Imprint der eingetragenen Gesellschaft Springer Fachmedien Wiesbaden GmbH und ist ein Teil von Springer Nature.
Die Anschrift der Gesellschaft ist: Abraham-Lincoln-Str. 46, 65189 Wiesbaden, Germany

Was Sie in diesem *essential* finden können

- Einen Überblick über aktuelle, digitale Veränderungen auf dem Gesundheitsmarkt.
- Welchen Einfluss die digitale Transformation auf die Automobilbranche hat.
- Eine kurze, aber knackige Erläuterung, was Automotive Health eigentlich ist.
- Eine übersichtliche Darstellung der Kundenbedürfnisse nach Automotive Health.
- Kundenbedürfnisse nach Automotive Health in Abhängigkeit von diversen Einflussfaktoren.

Inhaltsverzeichnis

1 Einleitung... 1

2 Effekte der Digitalen Transformation auf den Gesundheitsmarkt
und die Automobilindustrie............................. 3
  2.1 Aktuelle Entwicklungen auf dem Welt- und
    Gesundheitsmarkt 3
  2.2 Einsatz von Electronic- und Mobile-Health -Lösungen 6
  2.3 Digitalisierung in der Automobilindustrie.................... 8
  2.4 Automotive Health................................. 10
    2.4.1 Begriffsbestimmung........................... 10
    2.4.2 Bedingungen an Automotive Health und deren
      Schwerpunkte............................... 11
    2.4.3 Autonomes Fahren............................ 12
    2.4.4 Diagnostische Verfahren im Automobil und
      Früherkennung von Krankheiten 13
    2.4.5 Gesundheitsförderung und Wellness 14

3 Kundenbedürfnisse in Bezug auf Automotive Health 15
  3.1 Wer wurde befragt?................................ 15
    3.1.1 Soziodemografische Faktoren 15
    3.1.2 Bedeutung des Autos 18
    3.1.3 Gesundheitszustand und Gesundheitsverhalten........... 19
    3.1.4 Bedeutung von Datenschutz. 22
  3.2 Kundenerwartungen und -wünsche 23
    3.2.1 Bereitschaft Automotive Health zu nutzen 23
    3.2.2 Bereitschaft Gesundheitsdaten im Auto erfassen
      zu lassen................................... 24

3.2.3   Gesundheitsmaßnahmen, die während der
        Autofahrt von Nutzen sind.......................... 25
3.2.4   Zahlungsbereitschaft für kostenpflichtige
        Zusatzangebote im Auto............................ 27
3.2.5   Höhe der Investition für Gesundheitsangebote
        im Auto... 28
3.2.6   Relevanz von Automotive Health vor und
        nach der Kundenbefragung 28

4   Chancen und Herausforderungen von Automotive Health......... 31
    4.1   Chancen 31
    4.2   Herausforderungen.................................. 32

5   Ausblick 33

Literatur... 37

Abkürzungsverzeichnis

Anh.	Anhang
Apps	Applikationen (z. Dt.: Anwendungen)
BDI	Bundesverband der Deutschen Industrie
E-Call	emergency call (z. Dt.: Notruf)
eHealth	Electronic Health
EHR	Elektronische Gesundheitsakte
ePA	Elektronische Patientenakte
IKT	Informations- und Kommunikationstechnologien
IoT	Internet of Things (z. Dt.: Internet der Dinge)
MGI	McKinsey Global Institute
mHealth	Mobile Health
ÖV	öffentliche Verkehrsmittel
WHO	World Health Organization

Einleitung 1

Mobilität, Flexibilität und Individualität sind Begrifflichkeiten, die untrennbar mit dem Automobil in Verbindung gebracht werden. Das Auto gibt dem Menschen Freiheit. Er kann sich mit dem Auto eigenständig motorisiert fortbewegen und auch Güter und Waren flexibel transportieren. Die Ablösung der Pferdekutsche im 19. Jahrhundert war somit ein Befreiungsschlag zu mehr Unabhängigkeit und Individualismus – zumindest für diejenigen, die sich ein Auto finanziell leisten konnten. Auch in unserer heutigen Gesellschaft besitzt das Auto weiterhin einen besonderen Stellenwert. Dabei rückt die wesentliche Funktion, fahren zu können, zunehmend in den Hintergrund. Ein tolles Design, eine umfassende Innenausstattung mit Sitzheizung, automatischer Müdigkeitserkennung und Einparkassistenz sowie ein eindrucksvoller Preis sind von höherer Relevanz. Autos sind Luxusgüter und werden als Statussymbol betrachtet. Das Auto hat sich damit innerhalb der letzten 100 Jahre weg von einem motorisierten Fortbewegungsmittel hin zu einem Objekt des Wohlstandes mit unzähligen Zusatzfunktionen entwickelt. Aber woran liegt das?

Der zunehmend technische Fortschritt über alle Lebensbereiche hinweg und die voranschreitende Digitalisierung haben auch vor der Automobilindustrie keinen Halt gemacht. Das Auto muss schneller, automatisierter und gesünder – sowohl für den Menschen als auch für die Umwelt – sein. Dazu trägt ein verändertes gesellschaftliches Gesundheits- und Umweltbewusstsein stark bei. Menschen haben in der heutigen Zeit außerdem das Ziel, selbstbestimmt, orts- und zeitunabhängig ihre Gesundheit zu verantworten. Wer also viel mit dem Auto unterwegs und gleichzeitig gesundheitsbewusst ist, weiß, dass lange Fahrtzeiten mit dem Auto und Stress im Straßenverkehr sowohl psychische als auch physische Probleme mit sich bringen. Um sich davor zu schützen, muss der gesundheitsbewusste Mensch entweder auf andere Fortbewegungsmittel wie z. B. den

© Springer Fachmedien Wiesbaden GmbH, ein Teil von Springer Nature 2019
J. van Berck et al., *Automotive Health*, essentials,
https://doi.org/10.1007/978-3-658-27285-2_1

Zug oder private Dienstleistungsunternehmen zur Personenbeförderung zurück-
greifen (dabei ist er weniger psychischen Stressfaktoren ausgesetzt, da er nicht
direkt am Verkehrsgeschehen beteiligt ist) oder aber solch ein Auto nutzen, welches gesundheitsförderlich gestaltet ist bzw. Tools zur Gesundheitsoptimierung
beinhaltet.

Dieses neue gesellschaftliche (Gesundheits-)Bewusstsein sowie die digitale
Transformation hat sich die Automobilindustrie zu eigen gemacht und das disruptive Konzept Automotive Health entwickelt. Automotive Health hat zum
Ziel, die Bedürfnisse der Menschen in den Bereichen Mobilität und Gesundheit
unter Zuhilfenahme von digitalen Services gleichermaßen zu bedienen sowie die
Gesundheit und das Wohlbefinden im Auto zu optimieren. Die Fahrenden sol-
len erholter und gesünder am Zielort ankommen. Digitale Dienstleistungen aus
dem Gesundheitsbereich werden so mobil und zeitsparend angewendet (vgl.
Live-counter 2018). Experten gehen bereits jetzt davon aus, dass es sich bei
Automotive Health um eines der wichtigsten Geschäftsfelder der mobilitäts-
assoziierten Produkte der Zukunft handeln wird. Das traditionelle Verständnis des
Autos unterliegt damit einer gänzlichen Um- und Neugestaltung.

Da der Erfolg eines innovativen Produktes oftmals in direktem Zusammenhang mit der Kundenreferenz steht, wurde eine Pilotstudie zum Thema Automotive Health durchgeführt. Diese nimmt die Kundenbedürfnisse nach
Gesundheitsangeboten im Auto genau unter die Lupe und untersucht, ob das
disruptive Konzept gesellschaftlich angenommen wird. Die Studie untersucht
außerdem, ob und falls ja, welche intrinsischen und extrinsischen Faktoren auf
den Erfolg von Automotive Health einen Einfluss haben. Die Ergebnisse der in
diesem Buch zusammengefassten Pilotstudie basieren auf individuellen Ein-
schätzungen von mehr als 300 unabhängig voneinander befragten Personen
deutschlandweit. Sie geben dem Leser eine erste Übersicht über die Kundenbedürfnisse nach Automotive Health.

Effekte der Digitalen Transformation auf den Gesundheitsmarkt und die Automobilindustrie

2.1 Aktuelle Entwicklungen auf dem Welt- und Gesundheitsmarkt

Digitale Transformation auf dem Weltmarkt

Die Digitalisierung erfasst zunehmend Bereiche des alltäglichen Lebens und sorgt für einen gravierenden, gesamtgesellschaftlichen Wandel. Digitalisierung kann als durchgängige Vernetzung von allen gesellschaftlichen und wirtschaftlichen Bereichen definiert werden und versteht sich als Anpassung der Akteure an die Gegebenheiten im digitalen Zeitalter (vgl. Bundesministerium für Wirtschaft und Energie 2015, S. 3). Sie bezeichnet den umfassenden Datenaustausch und die Datenanalyse in vernetzten Systemen sowie die Fähigkeit, zentrale Informationen zu bündeln, auszuwerten und daraus entsprechende Handlungsschritte einzuleiten (vgl. Bloching et al. 2015, S. 6).

Heutzutage bestimmen digitale Technologien mehr und mehr die sozialen und ökonomischen Aktivitäten. Sie verändern die Art zu leben, zu denken und zu arbeiten, und es entsteht eine Welt, in der Informationsaustausch und Kommunikation über alle physischen Grenzen hinweg stattfinden kann (vgl. Born et al. 2016, S. 8). Damit wird die Grundlage für einen wachsenden Markt geschaffen, der neue Potenziale, effizientere ökonomische Prozesse und disruptive Geschäftsmodelle ermöglicht.

Die Digitale Transformation bedeutet aber auch komplexe An- und Herausforderungen für die Politik, Wirtschaft, Gesellschaft und Arbeitswelt. Der monetäre Effekt der digitalen Veränderungen auf die deutsche und europäische Wirtschaft wurde in einer Studie von Roland Berger Strategy Consultants, die im Auftrag des Bundesverbands der Deutschen Industrie e. V. durchgeführt wurde, überprüft. Für die Erhebung wurden die Automobilindustrie, die Industrie-

© Springer Fachmedien Wiesbaden GmbH, ein Teil von Springer Nature 2019
J. van Berck et al., *Automotive Health*, essentials,
https://doi.org/10.1007/978-3-658-27285-2_2

zweige Logistik, Maschinen- und Anlagenbau, Medizintechnik, Elektroindustrie, Energietechnik, chemische Industrie sowie Luft- und Raumfahrttechnik herangezogen. Die Ergebnisse zeigen, dass eine nicht hinreichend effiziente Nutzung der Digitalisierung wirtschaftliche Einbußen bis zum Jahr 2025 von 605 Mrd. € ergeben können (vgl. Bloching et al. 2015, S. 10). Weitere Experten gehen überdies davon aus, dass Unternehmen, die die Implementierung digitaler Lösungen in die Arbeitswelt unbeachtet lassen oder lediglich nebensächlich ausschöpfen, vollends ihre Existenz verlieren können. Dabei sind kleine und große Unternehmen sowie staatliche Organisationen gleichermaßen davon betroffen (vgl. Zukunftsrat der Bayerischen Wirtschaft 2017, S. 4). Wird die Digitale Transformation jedoch angenommen und ganzheitlich in die Unternehmensstrategie integriert, kann sich bis zum Jahr 2025 ein zusätzliches Wertschöpfungspotenzial für Deutschland von 425 Mrd. € (in Europa wären es 1,25 Billionen € in den kommenden zehn Jahren) ergeben. Studienergebnisse des McKinsey Global Institutes (MGI) bekräftigen diese Aussagen, indem sie darlegen, dass die derzeitigen internationalen Datenströme mehr zum Wirtschaftswachstum beitragen als der Warenhandel. Als möglicher gesamtwirtschaftlicher Nutzen wird allein durch das sogenannte Internet of Things (IoT) weltweit von 3,9 bis 11,1 Billionen US$ im Jahr 2025 ausgegangen (vgl. McKinsey Global Institute 2015, S. 3 f.).

Digitale Transformation im Gesundheitswesen
Besonders im Gesundheitswesen lässt sich das Voranschreiten der Digitalen Transformation zunehmend erkennen. Innerhalb der letzten Jahre hat sich ein neuer Gesundheitsmarkt mit großem Wachstumspotenzial entwickelt. Nach Schachinger hat die Digitalisierung im Bereich der Gesundheitsdienstleistungen bereits seit dem Jahr 2000 fortwährend zugenommen, was sich durch die erhöhte Nutzung von Gesundheitswebseiten sowie mobilen Anwendungen wie Applikationen oder Wearables zeigt. Immer mehr Menschen streben danach, ihre eigene Gesundheit zu optimieren und selbstverantwortlich damit umgehen zu können. Bei diesem Prozess der zunehmenden Eigeninitiative unterstützen das Internet und der Einsatz digitaler Anwendungen (vgl. Verbraucherzentrale NRW 2015, S. 6).

Somit wächst der digitale Gesundheitsmarkt fortwährend und das Interesse der Gesellschaft steigt. Experten gehen davon aus, dass das weltweite Marktvolumen für Informations- und Kommunikationstechnologien (IKT) im Rahmen der digitalen Veränderungen bis zum Jahr 2020 auf über 200 Mrd. US$ ansteigen wird. Das entspricht einem durchschnittlichen, jährlichen Wachstum von 21 %. Mobile Gesundheitsanwendungen und Wireless Health stellen dabei die Wachstumsführer dar (vgl. Roland Berger GmbH 2016b, S. 3). Die Wachstumsrate von 2017

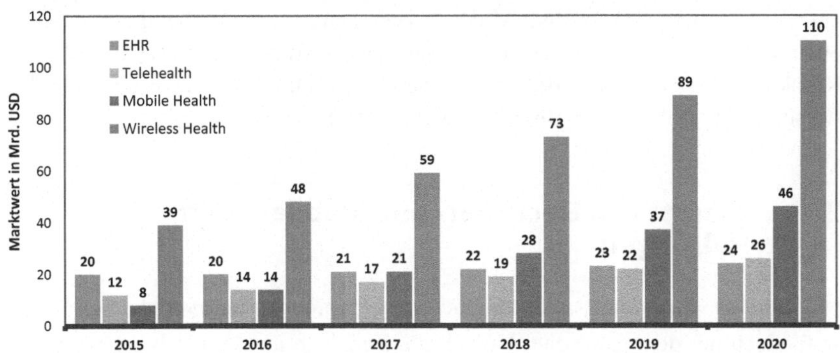

Abb. 2.1 Entwicklungen auf dem weltweiten Gesundheitsmarkt 2015–2020

bis 2020 für den Bereich Wireless Health beträgt 86 %, die Wachstumsrate für Mobile Health mehr als 100 %. Abb. 2.1 zeigt die weltweiten Entwicklungen im digitalen Gesundheitsmarkt von 2015 bis 2020 detailliert auf.

Anhand der Abb. 2.1 lässt sich erkennen, dass neben mHealth und Wireless Health auch der Bereich Telehealth eine starke Wachstumsrate von 53 % bis zum Jahr 2020 aufweist. Die Elektronische Gesundheitsakte (EHR) verzeichnet ein geringeres Wachstum mit lediglich 14 %.

Auch der Digitalverband Bitkom hat eine Studie zu den aktuellen Entwicklungen im digitalen Gesundheitsmarkt durchgeführt. Die Ergebnisse zeigen, dass in dem Jahr 2016 76 % der Deutschen ab dem Alter von 14 Jahren ein Smartphone nutzten. Das sind 11 % mehr als im Vorjahr. 42 % der Deutschen hatten mindestens eine Gesundheitsapplikation installiert, wovon 39 % die Applikation täglich verwendeten. Des Weiteren besaßen 2016 altersübergreifend 8 % der Befragten einen Fitnesstracker wie etwa ein Fitnessarmband. Der Anteil der 25- bis 34-Jährigen war dabei mit 15 % verhältnismäßig hoch. Bei den Über-50-Jährigen nutzten 3 % der Deutschen einen Fitnesstracker (vgl. Deloitte und Bitkom e. V. 2016, S. 9).

Mobile Health kann als ein aktueller Wachstumstreiber am Markt gesehen werden und zielt auf konsumentenorientierte Fitness- und Gesundheitsangebote ab. Dabei werden die Entwicklungsimpulse im Bereich eHealth von den Konsumenten vorangetrieben. Anzumerken ist, dass einige Konsumenten dem Bereich Mobile Health derzeit noch skeptisch gegenüberstehen bzw. diesen mitunter komplett ablehnen. Experten zufolge liegt die Ablehnung darin begründet, dass mobile Anwendungen nicht den individuellen Bedürfnissen der Kunden entsprechen und zu teuer sind. Mobile Gesundheitsangebote, die einen individuellen Mehrwert für spezifische Personengruppen aufweisen (z. B. bei chronischen Krankheiten) sind aktuell begrenzt, gelten in Fachkreisen jedoch als zukunftsweisend (vgl. Deloitte und Bitkom e. V. 2016, S. 11).

2.2   Einsatz von Electronic- und Mobile-Health -Lösungen

Deutschland verfügt über ein leistungsstarkes Gesundheitssystem. Probleme weisen jedoch der demografische Wandel, die Zunahme an chronisch degenerativen und altersbedingten Erkrankungen auf. Hinzu kommen die unzureichenden sektorenübergreifenden Versorgungsübergänge sowie der prognostizierte Ärztemangel bis zum Jahr 2030 von 100.000 Ärzten (vgl. Digital-Gipfel 2017a, S. 3).

Derzeit hat kaum ein Arzt oder ein Krankenhaus den Gesamtüberblick über alle wesentlichen Behandlungsschritte eines Patienten. Die Patienten stehen so in der Eigenverantwortung fehlende Informationen selbstständig zu kommunizieren, was vor allem in Anbetracht der älter werdenden Bevölkerung als Risikofaktor identifiziert werden kann. Die Patientensicherheit wird in Gefahr gebracht und vermeidbare Doppeluntersuchungen, welche hohe Kosten verursachen, werden durchgeführt (vgl. Bertelsmann Stiftung 2017, S. 3 f.).

Möglichkeiten zur Optimierung der Gesundheitsversorgung liegen, hinsichtlich der voranschreitenden Digitalisierung, in der intensiven Nutzung von Informations- und Kommunikationstechnologien und damit in der elektronischen Vernetzung von Akteuren und Einrichtungen. Neue Wertschöpfungsketten entwickeln sich und eröffnen die Chancen zur Überwindung räumlicher und zeitlicher Distanz. So können sich unterschiedliche Akteure auf dem Gesundheitsmarkt besser vernetzen und ein schneller Austausch kann stattfinden (vgl. PwC Strategy & GmbH 2016, S. 25 f.).

Den Bereichen eHealth, mHealth, Telemedizin sowie zahlreichen telematischen Anwendungen werden große Potenziale und Zukunftsperspektiven zugesprochen. Dabei hat zum einen die Sicherstellung von effizienten Versorgungsmöglichkeiten eine hohe Priorität, zum anderen soll dem Nutzer mehr Eigenverantwortlichkeit hinsichtlich seiner Gesundheit und Fitness ermöglicht werden (vgl. Dittmar et al. 2009, S. 16 f.).

Digitale Gesundheitsanwendungen sprechen als Zielgruppen sowohl kranke als auch gesunde und gesundheitsbewusste Menschen an, die ihr Wohlbefinden verbessern und ihre Gesundheit optimieren möchten. Es wird diesbezüglich zwischen reinen Medizinprodukten und Freizeitprodukten unterschieden. Medizinprodukte unterliegen strikten Regularien und bilden von aktuell 100.000 auf dem Markt vorhandenen Applikationen nur ungefähr 2 % ab (vgl. Bauer et al. 2016, S. 7). Auf dem mobilen Gesundheitsmarkt zeigen sich mehrere akute Handlungsfelder. Als solche können die Schaffung klarer rechtlicher Grundlagen, die Rechtssicherheit für Datenaustausch und Datennutzung sowie ein adäquater Nachweis der Kosteneffektivität identifiziert werden (vgl. Schmidt 2011, S. 6 f.).

Nachfolgend werden die Bereiche eHealth und mHealth erläutert, da sie eine wesentliche Bedeutung für die Optimierung der Gesundheitsversorgung in Deutschland und weltweit spielen werden.

eHealth

eHealth ist ein Oberbegriff, der den Einsatz digitaler Informations- und Kommunikationstechnologien im Gesundheitswesen definiert. IKT-gestützte Anwendungen aus dem Gesundheitsbereich sind neben dem Krankenhausinformationssystem u. a. Applikationen der Telemedizin. Hier werden Daten und „Informationen elektronisch verarbeitet, über sichere Datenverbindungen ausgetauscht und Behandlungs- und Betreuungsprozesse von Patientinnen und Patienten unterstützt" (Bundesministerium für Gesundheit 2016). Telemedizin umfasst jegliche Form der diagnostischen, prophylaktischen oder rehabilitativen Leistung ohne physischen Kontakt zwischen Patient und Leistungserbringer (vgl. Hirth 2010, S. 6.). Auch Gesundheitsportale oder Onlineapotheken zählen zu dem Bereich eHealth.

Das am 29.12.2015 in Kraft getretene Gesetz für sichere digitale Kommunikation und Anwendung im Gesundheitswesen (E-Health-Gesetz) soll die Möglichkeiten der Digitalisierung in allen gesundheitsrelevanten Bereichen unterstützen und den Fortschritt im Gesundheitswesen vorantreiben. Mittels einer sicheren, digitalen Infrastruktur und dem damit einhergehenden Datenschutz, soll sowohl ein erhöhter Nutzen der Patienten als auch die Selbstbestimmung erreicht werden. Zukünftig soll es eine Reform des E-Health-Gesetzes (E-Health-Gesetz II) geben. Teil dieser Entwicklung wird u. a. die einrichtungsübergreifende elektronische Patientenakte (ePA) sein (vgl. Deutsches Ärzteblatt 2017). Die ePA soll den Datenaustausch zwischen allen Leistungserbringern verbessern sowie das Selbstmanagement des Patienten erhöhen. Gemäß der Unternehmensberatungsgesellschaft Roland Berger GmbH werden elektronische Patientenakten in den kommenden fünf Jahren die Kosten für die Gesundheitssysteme weltweit um 80 Mrd. US$ senken (vgl. Roland Berger GmbH 2016a). eHealth macht sich damit zum Ziel, die Gesundheitsversorgung zu vernetzen und sie weltweit zu verbessern.

mHealth

mHealth stellt einen Teilbereich der eHealth dar. Dieser umfasst neben dem Einsatz klassischer Mobilfunktechniken, jeglichen Einsatz „mobiler Technologien, um Gesundheitsdienste anzubieten und zu empfangen" (Lütschg et al. 2013, S. 6). Mobile Health fokussiert unterschiedlichste elektronische Verfahren zur Gesundheitsversorgung auf mobilen Geräten. Dabei muss zwischen Hardware und Software unterschieden werden. Zu der mobilen Hardware zählen neben Smartphones auch Wearables wie Smartwatches, die am Körper getragen werden, gesundheitsbezogene Daten erheben und verwerten können. Diese ermöglichen dem Verbraucher, selbstverantwortlich den eigenen Körper besser kennenzulernen und bei Anzeichen gesundheitlicher Dysfunktionen, entsprechende Maßnahmen einzuleiten bzw. frühzeitig einen Arzt aufzusuchen. Im klinischen Behandlungspfad können durch diese modernen Technologien unnötige Prozessschritte eingespart, die Patientenversorgung verbessert und eine nachhaltige Kostensenkung im Gesundheitswesen erzielt werden (vgl. Lütschg et al. 2013, S. 8). Eine direkte Zusammenarbeit zwischen Nutzern, Ärzten oder Fachkliniken hinsichtlich des Einsatzes von Wearables gibt es bislang noch nicht (vgl. Digital-Gipfel 2017b, S. 2).

2.3   Digitalisierung in der Automobilindustrie

Die Automobilindustrie ist, gemessen am Umsatz, einer der bedeutendsten Industriezweige Deutschlands und trägt einen erheblichen Anteil an der Bruttowertschöpfung. Für Unternehmen dieser Branche wird für das Jahr 2017 in Deutschland ein Umsatz von 406,6 Mrd. € prognostiziert (vgl. Statista 2017b). Dabei liegen drei Viertel des Gesamtumsatzes bei den Fahrzeugherstellern, zwei Drittel des Umsatzes werden im Ausland erzielt (vgl. Deutscher Bundestag 2017, S. 4). Nach Aussagen des Statistischen Bundesamtes lag der Wertschöpfungsanteil des Wirtschaftsbereichs ‚Herstellung von Kraftwagen und Kraftwagenteilen' im Jahr 2015 bei 4,5 %, 10 Jahre zuvor hatte er bei 3,4 % gelegen (vgl. Statistisches Bundesamt 2017, S. 1). Es lässt sich ein deutlicher Anstieg verzeichnen, der eine hohe wirtschaftliche Relevanz für Deutschland hat. Ferner beschäftigte die Automobilindustrie im Jahr 2016 808.000 Erwerbstätige. Das sind so viele Beschäftigte wie seit 25 Jahren nicht mehr (vgl. Statista 2017a).

Der Managementberatungs-, Technologie- und Outsourcing-Dienstleister Accenture GmbH hat in Anbetracht der Digitalen Transformation das zusätzliche Wertschöpfungspotenzial durch die Digitalisierung für die Automobilbranche ermittelt. Der Studie wurden ein Umsatz von 50 Mrd. € und ein Gewinn von 5 Mio. € für eine fiktive Automobilmarke zugrunde gelegt. Hintergrund für die fiktive Automobilmarke war die Idee, die Ergebnisse anschließend auf jeden potenziellen Automobilhersteller dieser Größe skalieren zu können. Bei der Evaluation konnte herausgestellt werden, dass sich für die entsprechenden Unternehmen zusätzliche Gewinnpotenziale von etwa 1,8 Mrd. € bis zum Jahr 2020 ergeben können. Dafür müssten die Chancen der Digitalisierung jedoch vollends ausgeschöpft werden. Der Betrag setzt sich dabei zu gleichen Anteilen aus zusätzlichen Gewinnen durch die Digitalisierung des Kundenerlebnisses und aus der Digitalisierung der Unternehmensprozesse durch Nutzung digitaler Technologien zusammen (vgl. Accenture GmbH 2017, S. 1).

Darüber hinaus kann die Automarke weitere 325 Mio. € bis 2020 durch neue Geschäftsmodelle wie vernetztes Fahren und digitale Services im Auto erwirtschaften. Accenture GmbH rechnet nur für das vernetzte Fahren mit einem Marktvolumen von 100 Mrd. € im Jahr 2020 und mit 500 Mrd. € 5 Jahre später (vgl. Accenture GmbH 2017, S. 5 f.). Außerdem wird davon ausgegangen, dass bis zum Jahr 2020 jedes fünfte Fahrzeug mit dem Internet verbunden sein wird. Damit wird das Auto ebenfalls zu einem Teil des Internet of Things (IoT) und kann in das weltweite Datennetz integriert werden (vgl. Peters 2015).

Die Automobilindustrie erlebt somit einen Paradigmenwechsel und das Auto als solches befindet sich, Experten zufolge, in einer digitalen Evolution (vgl. Accenture GmbH 2017, S. 4). Wo bisher der Verkauf von Fahrzeugen im Mittelpunkt stand, wird zukünftig das vernetzte Auto (Connected Car) und das autonome Fahren das Geschäftsfeld erweitern. Die bisherigen Einnahmequellen der Automobilindustrie werden sich damit signifikant verlagern und „die digitale Veredelung von Fahrzeug-, Orts- und Nutzerdaten zum Milliardenmarkt" (Peters 2015) werden. Ferner wird sich damit die Interaktion seitens der Automobilbranche bzw. dem Händler und dem Kunden gänzlich verändern. Durch die Digitalisierung der Fahrzeuge wird erstmals der Hersteller eine direkte Schnittstelle zum Nutzer haben und diese auch nutzen müssen. Fachpersonen gehen davon aus, dass über den Erfolg einer digitalen Automobilwelt letztendlich die direkte Beziehung zum Kunden entscheidet. Aus dieser Beziehung heraus werden dann erste Geschäftsmodelle entwickelt, welche den Lebensalltag des Nutzers gänzlich abbilden können.

Es werden Meilensteine (Tipping-Points) des digitalen Zeitalters in naher Zukunft erwartet, von welchen an das lineare Wachstum der technischen Entwicklungen aufhört und die Phase des exponentiellen, unvorhersehbaren Wachstums beginnt. Die Automobilindustrie wird diesbezüglich eine nicht unwesentliche Rolle spielen. Als einen Tipping-Point kann der 3-D-Druck in der

Automobilbranche genannt werden. Bis zum Jahr 2022 sollen die ersten Autokarosserien von einem 3-D-Drucker angefertigt werden (vgl. Kollmann und Schmidt 2016, S. V). Auch wird davon ausgegangen, dass bis zum Jahr 2026 mehr als 10 % der Autos allein in den USA autonom fahren werden. Es gilt somit für die Automobilindustrie, die existierende Stahlkraft des Produktes Auto auf neue Services zu übertragen, um umsatzstark und wettbewerbsfähig zu bleiben (vgl. Kollmann und Schmidt 2016, S. 50 f.).

2.4　Automotive Health

2.4.1　Begriffsbestimmung

Beim Kampf der Automobilhersteller um die immer wichtiger werdende Kundenschnittstelle in Anbetracht der digitalen und wirtschaftlichen Veränderungen, hat sich ein weiteres Themenfeld unter dem Begriff „Automotive Health" entwickelt. Aufgrund der Neuartigkeit dieses Bereiches gibt es bislang keine einheitliche Begriffsbestimmung.

Zum besseren Verständnis werden deshalb zuerst die beiden Begrifflichkeiten *Automotive* und *Health* näher betrachtet. Unter dem Begriff Automobil (engl. *automotive*), welcher sich aus dem griechischen Wort αὐτός autós (‚selbst') und dem lateinischen Ausdruck mobilis (‚beweglich') zusammensetzt, versteht sich ein selbstfahrendes Fortbewegungsmittel im Personenverkehr zur Überbrückung einer beliebigen Distanz (vgl. Wikipedia 2017). Der Begriff Gesundheit (engl. *health*) wird laut WHO aus dem Jahr 1948 wie folgt definiert „health is a state of complete physical, mental and social well-being and not merely the absence of disease or infirmity" (WHO 1948, S. 1). Gesundheit wird multidimensional charakterisiert und grenzt sich von einer rein biomedizinischen Sichtweise ab. Im Jahr 1986 wurde die Begriffsdefinition der WHO erweitert: „Gesundheit [ist] als wesentlicher Bestandteil des alltäglichen Lebens zu verstehen und nicht als vorrangiges Lebensziel. Gesundheit steht für ein positives Konzept, das die Bedeutung sozialer und individueller Ressourcen für die Gesundheit ebenso betont wie die körperlichen Fähigkeiten" (WHO 1986, S. 1). Es wird die hohe Bedeutung der Ressource Gesundheit ersichtlich, die es zu schützen gilt.

Bislang wurden die zuvor dargelegten Begrifflichkeiten Automobil und Gesundheit voneinander getrennt betrachtet, obgleich innerhalb der letzten Jahre Automobilhersteller die Bedeutung von gesundheitsförderlichen Fahrzeugen erkannt haben. In diesem Zusammenhang kann auf die Ergonomie der Fahrzeugsitze hingewiesen werden, welche die individuellen Belange des Fahrers bzw. Beifahrers berücksichtigen und gesundheitsfördernd konstruiert sind. Im Zuge der Digitalen Transformation hat der Bereich digitale Gesundheit gesamtgesellschaftlich an Bedeutung gewonnen und jüngst auch die Automobilindustrie erreicht. Automotive Health beschreibt diese Entwicklung und führt wortwörtlich die Bereiche Mobilität und Gesundheit unter Zuhilfenahme digitaler Technologien wie eHealth, mHealth und Telemedizin zusammen. Weinert definiert Automotive Health als „synonym for all kind of efforts – via services or products – that support a healthier way of living, provide support for wellbeing or even help in diagnostic or therapeutic processes, where automobiles are included" (Weinert 2017). Damit wird deutlich, dass der Bereich ‚Health' in der Automotive Health sowohl Gesundheitsförderung und Wellness als auch Diagnostik, Therapie und Medizin gleichermaßen tangiert. Daneben beschreibt Glanz den Begriff IncarWellbeing, in dessen Zusammenhang durch die Implementierung diverser Technologien, das Wohlbefinden im Auto maximiert werden soll. IncarWellbeing kann als Teilbereich der Automotive Health verstanden werden, da nach der Definition von Weinert, die Automotive Health den Menschen weit über den Grad des besseren Wohlbefindens hinaus unterstützen soll (vgl. Bödeker und Glanz).

2.4.2 Bedingungen an Automotive Health und deren Schwerpunkte

Laut einer repräsentativen forsa-Umfrage im Auftrag von CosmosDirekt verbringt jeder dritte Autofahrer in Deutschland an einem Werktag mehr als eine Stunde in seinem Auto. Bei den Vielfahrern (die im Jahr mehr als 20.000 km fahren) sind es sogar 67 %, die pro Tag mindestens eine Stunde mit dem Auto unterwegs sind (vgl. Gemballa 2016, S. 1). Hochgerechnet sind dies fast 14 Tage, die die Autofahrer in einem Jahr in ihrem Auto ‚leben' (vgl. Vieweg 2011). Hinzu kommt, dass sich der Weltbestand an Autos bis zum Jahr 2035 voraussichtlich auf 1,8 Mrd. erhöhen wird. Das entspricht einem Zuwachs von 32 Mio. pro Jahr und damit mehr als einem Auto pro Sekunde. Allein in Deutschland kommen auf 100 Einwohner etwa 57 Autos (vgl. Live-counter 2018). Die Straßen sind hoch frequentiert. Die Idee, den Aufenthalt im Auto erlebnisreicher und gesünder zu gestalten, ist allein vor dem Hintergrund des hohen Zeitaufwands, eine wichtige Entwicklung. Auch das autonom fahrende Fahrzeug spielt eine wesentliche Rolle. Zeit, die die Menschen mit dem Fahren ihrer Autos verbringen, können sie so vermehrt für ihre persönlichen Interessen nutzen.

Eine wesentliche Voraussetzung für die Anwendungen von Gesundheitsmaßnahmen und -dienstleistungen im Auto ist das Connected Car. Dabei ist die entscheidende Fähigkeit des Connected Cars die interne und externe Vernetzung. Die interne Vernetzung findet zwischen den Fahrzeugsystemen innerhalb des Fahrzeugs statt, die externe Kommunikation beschreibt die Verbindung mit dem Internet. Das Connected Car kann damit auch als ein Bereich des Internet of Things gesehen werden. Ein aktuelles Beispiel für das Connected Car ist das ab März 2018 verpflichtenden Notrufsystem E-Call, welches in jedem neuem Auto der EU eingebaut werden muss. Als treibende Kraft für die innovativen Entwicklungen hinsichtlich des Connected Cars kann die Integration der mobilen Endgeräte in das Auto verstanden werden. Die im Armaturenbrett eingebauten Multimediasysteme, bilden die Schnittstelle zwischen Mensch und Maschine und machen die Weiterentwicklung der Vernetzung im Automobil möglich (vgl. IDG Business Media GmbH 2017).

Derzeit sind allein in Deutschland rund 3,5 Mio. Autos auf den Straßen vernetzt. Bis zum Jahr 2020 soll sich die Anzahl auf 12,4 Mio. Autos erhöhen (vgl. Hoberg 2017). Nach der McKinsey-Studie ‚Connected Cars' möchten aktuell 28 % der Neuwagenkäufer einen Internetzugang in ihrem Auto haben und 13 % gaben an, ein Auto ohne Internetzugang gar nicht mehr kaufen zu wollen. Der Wunsch nach Vernetzung im Auto ist bereits höher als der Wunsch nach hoher Leistung (i. S. v. PS) oder geringem Kraftstoffverbrauch. Die Studie zeigte allerdings auch, dass Datenschutz und die Wahrung der Privatsphäre eine hohe Hemmschwelle bei der Nutzung von Connected Cars darstellen. 35 % gaben an, aus Datenschutzgründen keine digitalen Anwendungen im Auto nutzen zu wollen bzw. zu nutzen (vgl. McKinsey & Company 2015, S. 11). Ferner zeigte die McKinsey-Studie, dass Personen, die mehr Zeit als der durchschnittliche Autofahrer in ihrem Auto verbringen, eher bereit sind, spezielle Dienstleistungen im Auto zu nutzen und auch zusätzlich für diese Dienste zu bezahlen (vgl. McKinsey & Company 2015, S. 12 ff.).

Im weiteren Verlauf werden wesentliche Bereiche der Automotiv Health zur Übersicht erläutert.

2.4.3 Autonomes Fahren

Autonomes Fahren kann als ein Teilbereich der Automotive Health verstanden werden und vice versa.

Als wesentlicher Vorteil der autonom fahrenden Fahrzeuge kann der Schutz des menschlichen Lebens herausgestellt werden. Die Schwächen des Menschen, der am Steuer unaufmerksam, müde oder abgelenkt ist, eine verlangsamte Reaktionsfähigkeit mit zunehmendem Alter aufweist oder Gefahrensituationen falsch einschätzt, können ausgeräumt bzw. verringert werden. Beim Schutz geht es dabei nicht nur um den Schutz des Fahrenden, sondern ebenso um die Sicherheit aller anderen im Straßenverkehr beteiligten bzw. anwesenden Personen.

Zusätzlich kann autonomes Fahren zu einem besseren Verkehrsfluss beitragen und die Umweltbelastungen durch einen geringeren Kraftstoffverbrauch vermindern. Autonomes Fahren schafft (Frei-)Zeit, die Personen am Steuer für andere Dinge, wie die Verbesserung der Gesundheit, verwenden können (vgl. Berg 2017, S. 3 ff.). Ein Büro auf Rädern, ein Ort zum Schlafen oder jegliche Art der Kommunikation und des Entertainments sind Varianten, die das autonom fahrende Fahrzeug ermöglichen kann (vgl. Lummer 2017, S. 21).

2.4.4   Diagnostische Verfahren im Automobil und Früherkennung von Krankheiten

Durch das Connected Car können ebenfalls Anwendungen der e- und mHealth Services in das Auto verlagert werden. Vorteilhaft ist die einheitliche Messumgebung, die ein Auto bereitstellen kann. Es besteht die Möglichkeit, Gesundheitsdaten mittels entsprechender Sensorik standardisiert erheben, auswerten, speichern und mit zukünftigen Messergebnissen vergleichen zu lassen. Bereits derzeit können über Atemgasanalysen unterschiedliche Krankheitsindikatoren identifiziert werden. Vitaldaten wie Blutdruck, Blutzucker oder Atemparameter erfasst das Auto selbstständig. Bei Menschen, die an chronischen Krankheiten oder z. B. Diabetes mellitus leiden, kann das Auto in Notfallsituationen mittels Alarmsignal eingreifen (u. a. bei einem zu niedrigen Blutzuckerwert) oder auch direkt eine Therapie einleiten. Die Daten können anhand standardisierter Schnittstellen z. B. an Fachkliniken übermittelt und im Folgenden wieder an den Fahrenden zurück kommuniziert werden (vgl. Weinert 2016). Auch gibt es bereits Projekte, die sich auf eine digitale Sprechstunde per Videochat im Auto mit einem Mediziner fokussieren. Ziel ist es, lange Wartezeiten oder weite Anfahrtszeiten zu reduzieren und so gleichermaßen Patienten als auch Mediziner zu entlasten. In Kombination mit einem autonom fahrenden Fahrzeug, könnte der Patient die vom Arzt erhaltene Therapieempfehlung direkt im Auto umsetzen oder sich zur nächstgelegenen Apotheke fahren lassen (vgl. Álvarez 2016).

2.4.5 Gesundheitsförderung und Wellness

Weitere Möglichkeiten der Automotive Health sind jene zur Gesundheitsförderung und zur Verbesserung der psychischen Gesundheit. Der sogenannte Audi Fit Driver der Audi AG stellt diesbezüglich einen ersten Ansatz dar. Ziel des Fit Drivers ist es, den Fahrer entspannter und fitter am Zielort ankommen zu lassen, als er eingestiegen ist. Dabei erfasst die Sensorik des Autos in Kombination mit einer Smartwatch die Vitaldaten des Insassen. Entsprechend der mentalen und körperlichen Verfassung der Person im Auto, reagiert das Fahrzeug z. B. mit einer abgestimmten Klimatisierung oder einer veränderten Innenbeleuchtung (vgl. Lummer 2017, S. 20). Der BMW-Forscher Hans-Peter Bailer erklärt, dass Licht sinnliche Impulse geben und Emotionen hervorrufen kann. Es kann dazu beitragen, den Fahrenden psychologisch und biologisch zu stimulieren – je nach gesundheitlicher Verfassung (vgl. Vieweg 2011). Forschende der Universitätsklinik Charité zu Berlin fanden heraus, dass blaues Licht das Hormon Melatonin unterdrückt und Menschen dadurch wach hält (vgl. Gesundheitsstadt Berlin 2015). Dies könnte effizient eingesetzt werden, wenn Personen lange Autofahrten absolvieren und gleichzeitig aktiv bleiben müssen.

Kundenbedürfnisse in Bezug auf Automotive Health

3

Welche spezifischen Bedürfnisse die Kunden nach Automotive Health haben und wie sich der individuell empfundene Nutzen von Automotive Health aktuell in der Gesellschaft darstellt, zeigt das folgende Kapitel detailliert auf. Außerdem wird erläutert, welche verschiedenen Faktoren einen direkten Einfluss auf die Wahl der Kunden nach digitalen Gesundheitsangeboten im Auto haben.

3.1 Wer wurde befragt?

In diesem Kapitel wird die Untersuchungsgruppe näher analysiert und Faktoren wie z. B. das Alter, der Bildungsabschluss oder das Bruttoeinkommen, aber auch die individuelle Nutzung sowie die Bedeutung des Autos für die Befragten dargelegt. Außerdem bildet das Kapitel den Gesundheitszustand sowie die individuelle Nutzungsbereitschaft von digitalen Gesundheitstools der Teilnehmenden ab. Es zeigt sich damit eine detaillierte Übersicht der Probandengruppe.

3.1.1 Soziodemografische Faktoren

Alter und Geschlecht

Die der empirischen Untersuchung zugrunde liegende Stichprobe setzt sich aus 319 Personen zusammen. Darunter finden sich 134 Männer, 173 Frauen und 12 Teilnehmende ohne Geschlechtsangabe. Die jüngste Person, die an der Pilotstudie teilnimmt, ist 17 Jahre alt, die älteste Person bereits 87. Bei der Altersverteilung zeigen sich zwei dominante Altersblöcke – 170 Personen sind zwischen 21 und 30 Jahren alt und 39 Personen zwischen 51 bis 60 Jahren (s. Abb. 3.1).

© Springer Fachmedien Wiesbaden GmbH, ein Teil von Springer Nature 2019
J. van Berck et al., *Automotive Health,* essentials,
https://doi.org/10.1007/978-3-658-27285-2_3

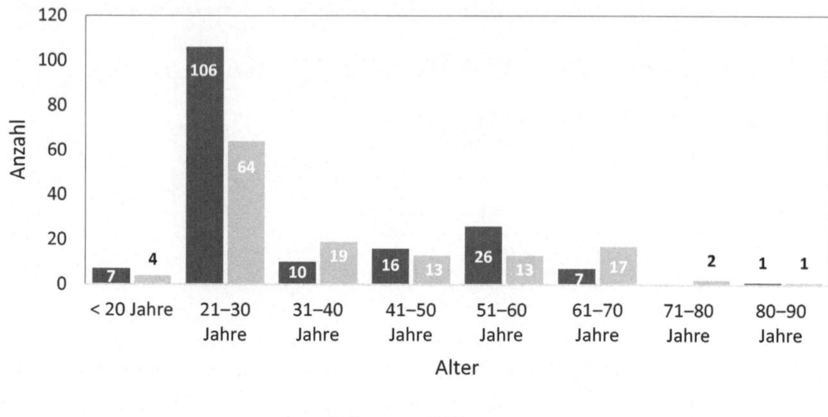

Abb. 3.1   Altersverteilung nach Geschlecht

Berufsgruppe

Anhand der Abb. 3.2 lässt sich erkennen, dass ein Großteil der befragten Personen als Angestellte arbeitet (55 %). Die zweitgrößte Gruppe der Studien teilnehmenden sind Studierende mit 24 %. 9 % der Befragten arbeiten als Beamte und Beamtinnen und ca. 8 % sind freiberuflich tätig. Hilfskräfte, Rentner und Rentnerinnen sowie Personen, die sich keiner der aufgeführten Berufsgruppen zugehörig fühlen, machen ca. 5 % der Stichprobe aus.

Des Weiteren zeigt die Studie, dass 6 % der Teilnehmenden in der Automobilbranche arbeiten und 1 % der untersuchten Personen Berufskraftfahrer bzw. Berufskraftfahrerinnen sind. Diese Personen haben, zumindest beruflich, erhöhte Berührungspunkte mit der Automobilindustrie bzw. Fahrzeugen und deren individueller Ausstattung.

Bildungsabschluss

54 % der Teilnehmenden geben als höchsten Bildungsabschluss einen Bachelor-, Master- oder Diplomabschluss und 25 % der Befragten das (Fach-)Abitur an. Weitere 16 % der untersuchten Stichprobe haben als höchsten Bildungsabschluss eine Berufsausbildung abgeschlossen und 3 % sogar promoviert. Nur ein kleiner Teil der Studien teilnehmenden hat eine(n) Hauptschulabschluss/mittlere Reife/ oder etwas Gleichwertiges (2 %) als höchsten Bildungsabschluss erworben (siehe Abb. 3.3).

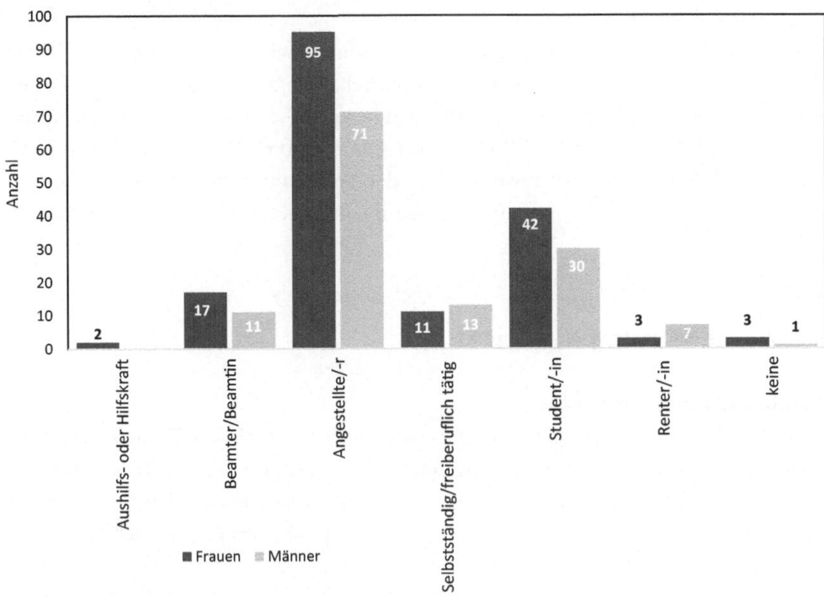

Abb. 3.2 Verteilung der Berufsgruppen nach Geschlecht

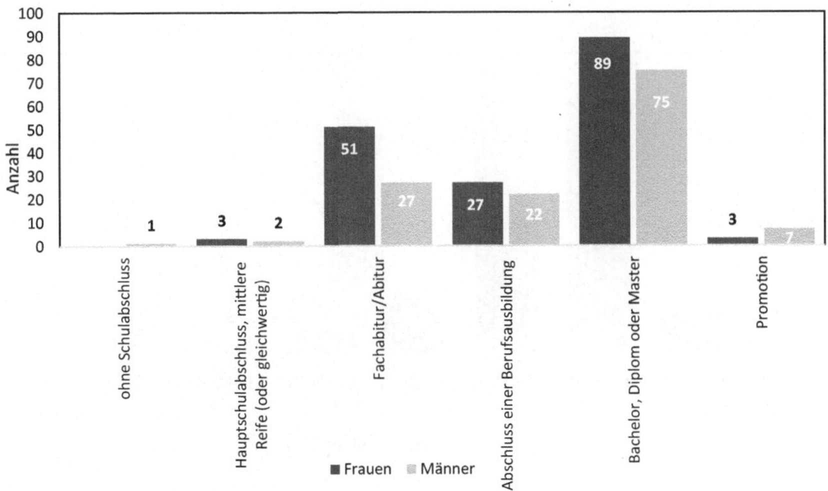

Abb. 3.3 Darstellung des Bildungsabschlusses nach Geschlecht

Bruttoeinkommen

Ein Großteil der Stichprobe verdient im Monat zwischen 2001 € und 3000 € (19 %). 17 % der Befragten haben monatlich 0 € bis 1000 € zur Verfügung, wobei sich diese Gruppe aus ca. 87 % Studierenden zusammensetzt. Die weiteren Gehaltsstufen 1001 € bis 2000 €, 3001 € bis 4000 €, 4001 € bis 5000 € sowie mehr als 5000 € treffen auf jeweils 12 % der befragten Personengruppe zu. Weitere 16 % der Untersuchungsgruppe geben ihr Bruttoeinkommen in der Erhebung nicht an.

3.1.2　Bedeutung des Autos

Autobesitz und Autonutzung

80 % der Befragten besitzen ein Auto, wobei der Anteil von Frauen und Männern annähernd ausgeglichen ist (Männer: 85 %, Frauen: 78 %). Das Auto wird von 45 % der Befragten überwiegend privat genutzt und lediglich 14 % nutzen es hauptsächlich für berufliche Zwecke. 6 % der Stichprobe gibt in der Befragung an, gar kein Auto zu nutzen.

Anhand von Abb. 3.4 lässt sich erkennen, dass 41 % der Befragten in der Woche zwischen 6 h und 15 h mit dem Auto unterwegs sind. 37 % geben an, in der Woche zwischen 1 h und 5 h mit dem Auto zu fahren. 9 % der Teilnehmenden

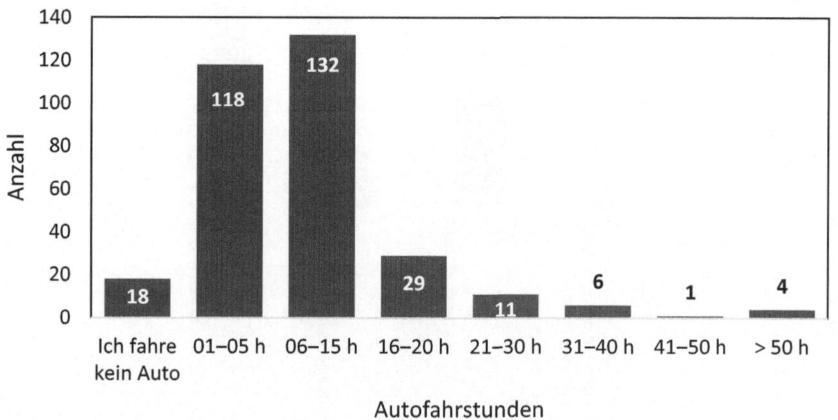

Abb. 3.4　Darstellung der Autonutzung in Zeitstunden

fahren zwischen 16 h und 20 h und 6 % fahren gar kein Auto. Lediglich 1 % der Untersuchungsgruppe gibt an, mehr als 50 h in der Woche mit dem Auto unterwegs zu sein.

Individuelles Fahrverhalten
Insgesamt 62 % der Befragten fahren gerne mit dem Auto und auch längere Strecken machen ihnen nichts aus (‚trifft voll zu‘ bzw. ‚trifft eher zu‚). Dabei zeigt sich jedoch, dass Männer deutlich lieber mit dem Auto fahren als Frauen. Die Nutzung öffentlicher Verkehrsmittel wird von einem Drittel der Kunden und Kundinnen vollständig abgelehnt (‚trifft gar nicht zu‘ und nur 5 % nutzen diese sehr gerne). 18 % bevorzugen, wenn möglich, das Fahrrad.

Wichtigkeit verschiedener Autoeigenschaften
In Bezug auf die Autoeigenschaften sind den Kunden und Kundinnen Sicherheit und Zuverlässigkeit am wichtigsten. Der Fahrkomfort, das Preis-Leistungs-Verhältnis, der Kraftstoffverbrauch und der Schadstoffausstoß sind den Kunden und Kundinnen eher wichtig. Eher nicht wichtig ist die Autoeigenschaft Statussymbol.

Im Männer-Frauen-Vergleich sind Sicherheit, Kraftstoffverbrauch und Schadstoffausstoß Eigenschaften, die Frauen bevorzugen. 82 % der Frauen ist beispielsweise ein sicheres Auto sehr wichtig, von den Männern sind es nur 66 %. Das Außendesign stufen 21 % der Männer als sehr wichtig ein. Bei den Frauen sind es lediglich 12 %. 13 % der Männer ist die Automarke sehr wichtig, von den Frauen sind es nur 4 %. Eine ausgereifte Technik ist 21 % der Männer bei einem Auto sehr wichtig und nur 6 % der Frauen empfinden diese Eigenschaft eines Autos als sehr wichtig. Automatische Funktionen im Auto sowie Komfort sind beiden Geschlechtern gleichermaßen wichtig. 40 % der Frauen ist das Auto als Statussymbol gar nicht wichtig. Bei den Männern beträgt der Anteil 26 % (siehe Abb. 3.5).

3.1.3   Gesundheitszustand und Gesundheitsverhalten

Gesundheitszustand
Die Untersuchungsgruppe setzt sich überwiegend aus gesunden Menschen zusammen (85 % geben an, gesund zu sein). Lediglich 4 % der Befragten sind während des Erhebungszeitraums akut krank und 6 % geben an, chronisch krank zu sein. 5 % der Teilnehmenden sind sich bei dieser Frage unsicher und wählen die Antwort ‚weiß nicht‘ aus.

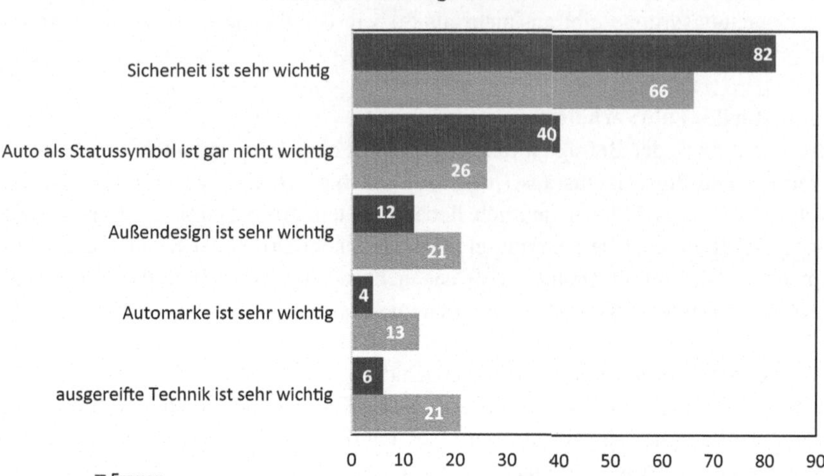

Abb. 3.5 Darstellung der Wichtigkeit verschiedener Autoeigenschaften

Zuständigkeit für eigene Gesundheit

Knapp 96 % der Untersuchungsgruppe fühlt sich primär selbst für die eigene Gesundheit zuständig. Nur 3 % der Probanden und Probandinnen geben an, dass die Verantwortlichkeit für ihre individuelle Gesundheit bei Krankenhäusern und Ärzten liege. 1 % der Befragten sieht Krankenkassen, Pharmaunternehmen bzw. Apotheken in der Verantwortung für ihre Gesundheit aufzukommen.

Gesundheitsverhalten

248 Personen bewegen sich regelmäßig und 200 Teilnehmende üben regelmäßig Sport aus. In geregelten Abständen gehen 163 Personen zu Vorsorgeuntersuchungen und Gesundheits-Check-ups und 52 Personen lesen Lektüren zum Thema Gesundheit. Auf regelmäßige Wellnessangebote, regelmäßige Entspannungsübungen und Gesundheitsförderung am Arbeitsplatz greifen nur wenigen Personen zurück. Für 22 Personen sind die abgebildeten Gesundheitsinterventionen derzeit kein Thema (siehe Abb. 3.6).

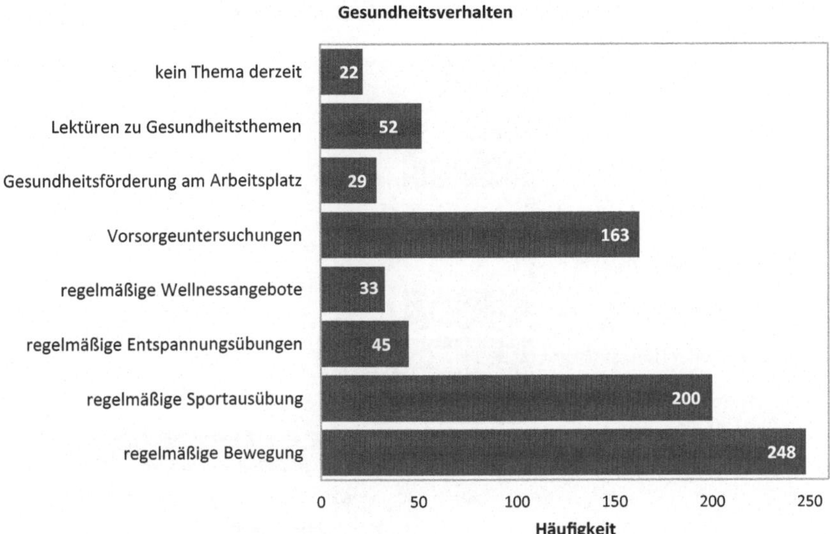

Abb. 3.6 Darstellung des Gesundheitsverhaltens

Nutzung digitaler Gesundheitsanwendungen

Abb. 3.7 zeigt, welche digitalen Gesundheitsanwendungen derzeit von der untersuchten Stichprobe genutzt werden.

Die Untersuchungsergebnisse legen dar, dass 162 Personen keine digitalen Gesundheitsanwendungen nutzen. Lediglich 68 Personen verwenden Smartwatches oder Fitnesstracker und 55 Personen greifen auf Gesundheitsapps zurück. 41 Teilnehmende nutzen die Möglichkeit der Onlineberatungen und des Onlinecoachings mit den Schwerpunkten Ernährung, Stress und Fitness. Weitere 41 Personen buchen ihre Arzttermine online. 30 Probanden und Probandinnen nutzen die Möglichkeiten einer Onlineapotheke und nur wenige Probandinnen und Probanden haben Interesse an Onlineselbsthilfegruppen und Onlinepräventionsprogrammen der Krankenkassen.

Von den Teilnehmenden entschieden sich knapp 62 % für keines der abgebildeten digitalen Gesundheitstools (siehe Abb. 3.7) und 21 % für lediglich ein Tool. Nur 4 % der Probandinnen und Probanden wählten 3 Gesundheitstools gleichzeitig aus (siehe Tab. 3.1).

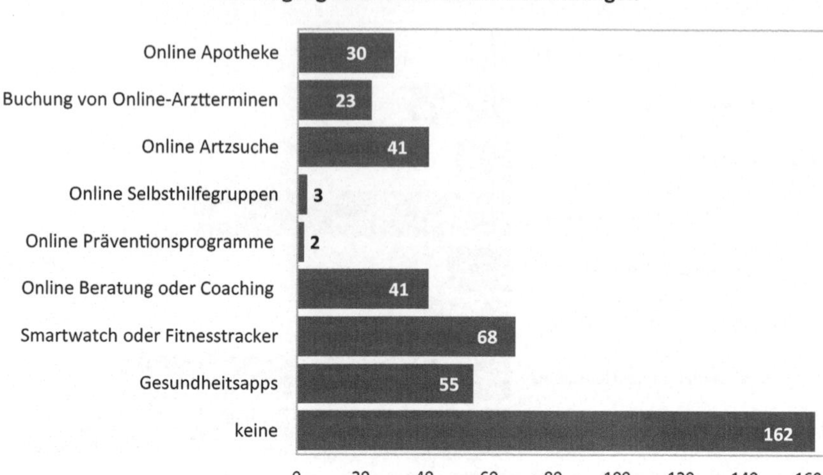

Abb. 3.7 Nutzung digitaler Gesundheitsanwendungen

Tab. 3.1 Häufigkeitsverteilung nach Anzahl der ausgewählten digitalen Gesundheits-anwendungen

Anzahl der ausgewählten Items	Häufigkeit (absolute Zahlen)	Häufigkeit in Prozent (%)
0	197	61,8
1	66	20,7
2	41	12,9
3	13	4,1
4	2	0,6
Gesamt	319	100

3.1.4 Bedeutung von Datenschutz

Bei der Studie zeigt sich, dass sowohl Männern als auch Frauen Datenschutz eher wichtig ist. Lediglich 7 % der Personengruppe ist Datenschutz eher nicht wichtig und 2 % empfinden Datenschutz als gar nicht wichtig. Auch kann herausgestellt werden, dass mit steigendem Alter die Bedeutung von Datenschutz stetig zunimmt.

3.2 Kundenerwartungen und -wünsche

In diesem Kapitel wird dargelegt, ob und, falls ja, welche spezifischen Erwartungen und Wünsche die befragte Personengruppe an digitale Gesundheitsangebote im Automobil hat. Außerdem wird aufgeführt, welchen Einfluss z. B. die Faktoren Alter, Einkommen, Gesundheitszustand, digitale Affinität o. Ä. auf die individuellen Wünsche haben bzw. mit den direkten Erwartungen an Automotive Health in Zusammenhang stehen.

3.2.1 Bereitschaft Automotive Health zu nutzen

37 % der Untersuchungsgruppe gibt an, während der Autofahrt digitale Gesundheitsanwendungen nutzen zu wollen. 49 % der Probandinnen und Probanden würden vielleicht Gesundheitsangebote im Auto nutzen und 14 % entscheiden sich gegen die Nutzung digitaler Tools im Auto.

Bedeutung der Einflussfaktoren auf das Kundenverhalten
Es zeigt sich, dass Personen, denen eine umfangreiche Innenausstattung im Auto und automatische Funktionen sehr wichtig sind, eine höhere Motivation haben, digitale Gesundheitsanwendungen im Auto zu nutzen im Vergleich zu Personen, die diesen Eigenschaften keine hohe Bedeutung zusprechen. Auch die Autoeigenschaft ‚Fahrkomfort' ist besonders für Personen von Relevanz, die digitale Gesundheitsanwendungen im Auto nutzen würden.

Des Weiteren zeigen verschiedene Testverfahren, dass Kunden und Kundinnen, die bislang keine digitalen Gesundheitsanwendungen nutzen (z. B. Apps, Smartwatches o. Ä.) eher abgeneigt gegenüber der Nutzung von Automotive Health sind als jene, die digitale Gesundheitsanwendungen befürworten bzw. aktiv nutzen.

Die Untersuchungsergebnisse machen auch deutlich, dass Kunden und Kundinnen, die bereit sind Gesundheitsangebote im Auto zu nutzen, dem Thema Datenschutz weniger Wichtigkeit beimessen, als Personen, die Automotive Health ablehnen.

Die soziodemografischen Faktoren, der Gesundheitszustand sowie das individuelle Fahrverhalten (siehe Abschn. 3.1.2) haben in dieser Pilotstudie wider Erwarten keinen Zusammenhang hinsichtlich der Bereitschaft, Gesundheitsangebote im Auto zu nutzen, aufgezeigt.

3.2.2 Bereitschaft Gesundheitsdaten im Auto erfassen zu lassen

Anhand von Abb. 3.8 zeigt sich, dass 236 Personen ihren Blutdruck und Puls während der Autofahrt und 65 Personen ihren Blutzucker erfassen lassen würden. Auch würden, wenn möglich, 59 Personen ihre Atemparameter bestimmen und 58 Teilnehmende ihre Körpertemperatur messen lassen. 54 Personen wären bereit, ihre individuelle Labordiagnostik während der Autofahrt bestimmen zu lassen und 24 Personen geben an, genetische Daten während der Autofahrt erheben lassen zu wollen.

Insgesamt haben ca. 18 % der Teilnehmenden keines der Gesundheitsparameter ausgewählt. 46 % entschieden sich für insgesamt einen Parameter und 9 % wählten sogar 3 Parameter gleichzeitig aus (siehe Tab. 3.2).

Bedeutung der Einflussfaktoren auf das Kundenverhalten
Die Ergebnisse der Studie zeigen, dass sich mit zunehmendem Alter die Anzahl der gleichzeitig ausgewählten Items hinsichtlich der Bereitschaft, individuelle Gesundheitsdaten während der Autofahrt erfassen zu lassen, verringert.

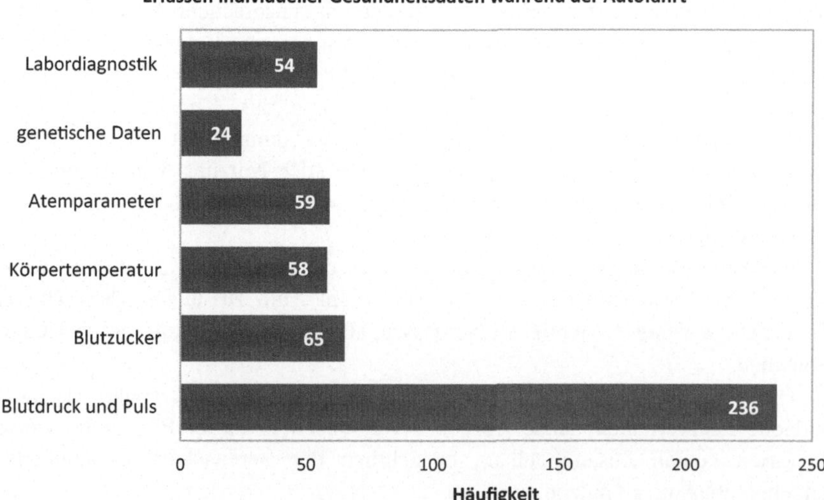

Abb. 3.8 Erhebung individueller Gesundheitsdaten

Tab. 3.2 Häufigkeitsverteilung nach Anzahl der ausgewählten Gesundheitsparameter

Anzahl der ausgewählten Items	Häufigkeit (absolute Zahlen)	Häufigkeit in Prozent (%)
0	56	17,6
1	146	45,8
2	61	19,1
3	27	8,5
4	11	3,4
5	5	1,6
6	13	4,1
Gesamt	319	100

Auch hier kann herausgestellt werden, dass mit zunehmender Bereitschaft, Gesundheitsdaten während der Autofahrt erfassen zu lassen, die individuelle Bedeutung des Themas ‚Datenschutz' weniger wichtig wird bzw. abnimmt.

Zwischen den soziodemografischen Daten, dem Gesundheitszustand und den wöchentlichen Autofahrstunden zeigt sich kein Zusammenhang im Hinblick auf die Bereitschaft, Gesundheitsdaten im Auto erfassen zu lassen.

3.2.3 Gesundheitsmaßnahmen, die während der Autofahrt von Nutzen sind

Die Untersuchungsgruppe sieht einen relativ hohen Nutzen in einem automatischen Notstopp des Autos bei Gefahrensituationen, in dem Absetzen eines automatischen Notrufes, in dem Erkennen von Notfallsituationen (z. B. einem Herzinfarkt oder Schlaganfall) und in der Kontrolle der Leistungs- und Konzentrationsfähigkeit des Fahrenden mit entsprechenden Hinweisen. Auch ist eine Massage- und Wellnessfunktionen für einige der Teilnehmenden interessant (121 Personen) sowie ein Viren- und Bakterienfilter (80 Personen). Für weniger nützlich halten die Teilnehmenden die Onlinesprechstunde per Videochat mit dem Arzt oder die Einleitung von Therapiemaßnahmen (z. B. durch Gesundheitshinweise im Auto) während der Autofahrt (siehe Abb. 3.9). Es zeigt sich anhand der Tab. 3.3, dass 15 % der Teilnehmenden den Nutzen in drei Gesundheitsmaßnahmen gleichermaßen sehen und 26 % in vier Tools. 18 % der Probandinnen und Probanden halten insgesamt fünf Gesundheitsmaßnahmen im Auto für wichtig.

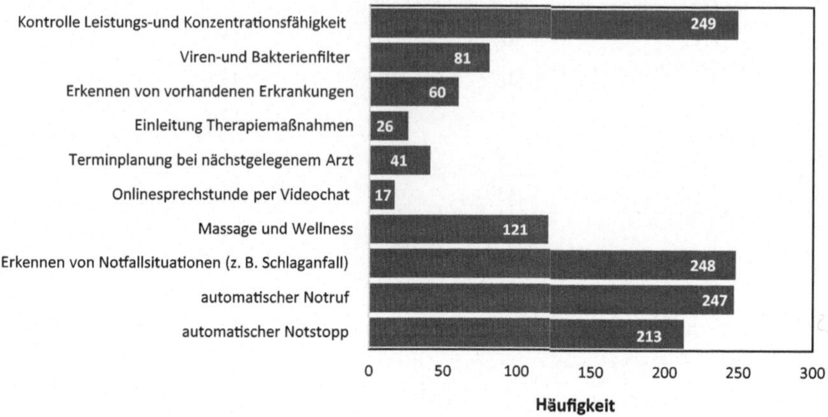

Abb. 3.9 Gesundheitsmaßnahmen, die während der Fahrt von Nutzen sind

Tab. 3.3 Häufigkeitsverteilung nach Anzahl der ausgewählten Gesundheitsanwendungen

Anzahl der ausgewählten Items	Häufigkeit (absolute Zahlen)	Häufigkeit in Prozent (%)
0	9	2,8
1	23	7,2
2	33	10,3
3	49	15,4
4	83	26
5	58	18,2
6	27	8,5
7	23	7,2
8	8	2,5
9	2	0,6
10	4	1,3
Gesamt	319	100

Bedeutung der Einflussfaktoren auf das Kundenverhalten

Die Studienergebnisse machen deutlich, dass mit zunehmendem Alter der empfundene Nutzen für Gesundheitsmaßnahmen im Auto abnimmt, bzw. weniger Items (i. S. v. Gesundheitsmaßnamen im Auto) gleichzeitig von der Untersuchungsgruppe ausgewählt werden.

Des Weiteren zeigt sich, dass mit steigender Wichtigkeit einer umfangreichen Innenausstattung, automatischer Funktionen sowie Fahrkomfort im Auto der empfundene Nutzen nach Gesundheitsmaßnahmen während der Autofahrt zunimmt.

Ferner kann durch die Studie dargelegt werden, dass Personen, die bereits digitale Gesundheitsanwendungen nutzen (wie z. B. Fitnessapps), auch einen erhöhten Nutzen in Automotive Health sehen und somit eher bereit sind, digitale Gesundheitsangebote während der Fahrt zu verwenden.

Keine direkten Zusammenhänge können zwischen dem empfundenen Nutzen von Gesundheitsangeboten im Auto und dem Geschlecht, dem Gesundheitszustand sowie dem monatlichen Bruttoeinkommen herausgestellt werden.

3.2.4 Zahlungsbereitschaft für kostenpflichtige Zusatzangebote im Auto

22 % der Teilnehmenden der Untersuchungsgruppe würden Gesundheitsangebote im Auto als kostenpflichtiges Zusatzangebot dazu buchen und 30 % entscheiden sich strikt dagegen. Der Großteil der Probandinnen und Probanden schwankt zwischen ja und nein, und entscheidet sich für die Antwort ‚vielleicht' (48 %).

Bedeutung der Einflussfaktoren auf das Kundenverhalten

Die Ergebnisse der Studie zeigen einen Zusammenhang zwischen Geschlecht und der Bereitschaft, Gesundheitsangebote im Auto als kostenpflichtigstes Zusatzangebot dazu zu buchen. Die beobachtete Anzahl der Männer, die Gesundheitsangebote im Auto als kostenpflichtiges Zusatzangebot dazu buchen würden, liegt über der erwarteten Anzahl. Bei Frauen verhält es sich andersherum.

Es zeigen sich keine weiteren Zusammenhänge z. B. in Bezug auf den Gesundheitszustand, das Alter, den höchsten Bildungsabschluss oder das monatliche Bruttoeinkommen.

3.2.5 Höhe der Investition für Gesundheitsangebote im Auto

Die Auswertung der Ergebnisse zeigt, dass ein Großteil der Personengruppe bereit wäre, bis zu 15 % (MW: 14,3 und SD: 10,4) des originären Kaufpreises des Autos in Gesundheitsanwendungen zu investieren.

Bedeutung der Einflussfaktoren auf das Kundenverhalten
Die Ergebnisse der Untersuchung zeigen, dass mit steigendem Einkommen die Investitionsbereitschaft der Teilnehmenden in Gesundheitsangebote im Auto sinkt. Darüber hinaus gibt es keine weiteren signifikanten Zusammenhänge zwischen dem Kundenverhalten und den entsprechenden Einflussfaktoren.

3.2.6 Relevanz von Automotive Health vor und nach der Kundenbefragung

Abb. 3.10 zeigt die Relevanz von Automotive Health vor und nach der Kundenbefragung von Männern und Frauen. Die Ergebnisse werden in prozentualen Werten abgebildet, um entsprechend der unterschiedlichen Gruppengrößen eine bessere Vergleichbarkeit zu erzielen. Die Datenbeschriftung unterscheidet sich farblich, sodass die Werte vor und nach dem Ausfüllen des Fragebogens auseinandergehalten werden können.

Die Ergebnisse zeigen, dass das Thema Automotive Health vor der Kundenbefragung den Männern sowie den Frauen gar nicht wichtig bis eher nicht wichtig ist. Die Antwort eher wichtig wählen 7,5 % der Frauen und 12,1 % der Männer vor der Kundenbefragung aus. Dabei ist den Männern das Thema tendenziell wichtiger als den Frauen. Nach dem Ausfüllen des Fragebogens hat das Thema Automotive Health sowohl für Frauen als auch für Männer an Relevanz gewonnen. Im Voraus ist 27,7 % der Frauen und 26,5 % der Männer das Thema gar nicht wichtig. Im Nachhinein reduzieren sich die Werte auf 5,8 % (Frauen) und 8,8 % (Männer). Des Weiteren geben 24,9 % der Frauen an, das Thema jetzt eher wichtig zu finden (vorher: 7,5 %). Bei den Männern wählen im Nachhinein 21,8 % die Antwort ‚eher wichtig‘ aus (vorher waren es 12,1 %).

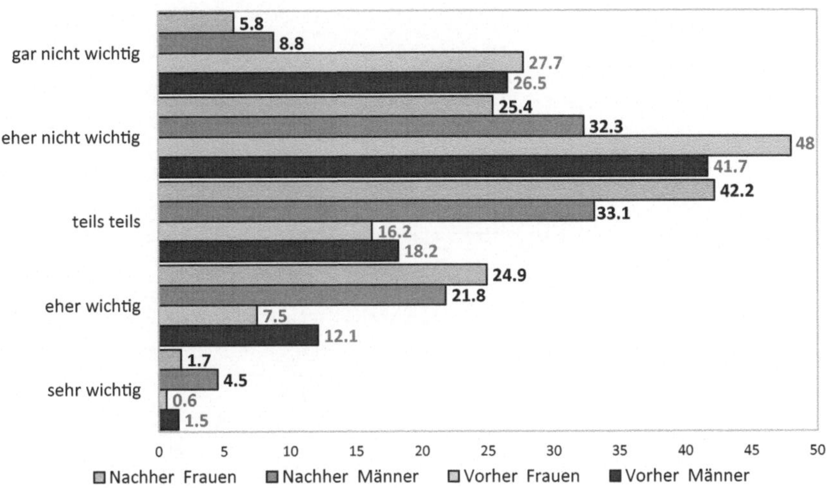

Abb. 3.10 Relevanz von Automotive Health vor und nach der Kundenbefragung

Chancen und Herausforderungen von Automotive Health 4

4.1 Chancen

Die Akzeptanz von Automotive Health und die Bereitschaft, Gesundheitsangebote im Auto zu nutzen, ist bei den Kunden hoch. Dies stellt ein Potenzial für die Weiterentwicklung von Gesundheitsservices und Dienstleistungen im Fahrzeug dar. Der Wunsch nach Vernetzung ist bei der Bevölkerung bereits gegeben. Studien zeigen, dass 28 % der Neuwagenkäufer und -käuferinnen einen Internetzugang in ihrem Auto für notwendig erachten (vgl. McKinsey & Company 2015, S. 11). Diese gesellschaftlichen Entwicklungen sind eine Chance für Automotive Health, da die Bedürfnisse der Kunden einen wichtigen Einfluss auf das Gelingen des disruptiven Konzepts haben. Auch trägt das veränderte Gesundheitsbewusstsein der Menschen innerhalb der letzten Jahre zur Weiterentwicklung von Automotive Health bei. Es hat sich eine erhöhte Selbstständigkeit und ein zunehmendes Verantwortungsbewusstsein in Bezug auf die Verbesserung und Kontrolle der eigenen Gesundheit entwickelt. Dazu hat mitunter die Digitalisierung beigetragen, durch die der Einsatz von Wearable-Technologien Einzug in die Gesellschaft gefunden hat. Anhand von Smartwatches und Fitnesstrackern können körperliche und medizinische Daten stetig überwacht und optimiert werden. Diesen Ansatz greift Automotive Health auf und unterstützt mit den im Auto integrierten Technologien einen selbstbestimmten Umgang hinsichtlich der Verbesserung der Gesundheit und der Gesundheitskontrolle.

Die Weiterentwicklung der Dienstleistungen und Services von Automotive Health profitiert ferner von dem zunehmenden Verkehr und den stets hoch frequentierten Straßen. Menschen, die viel Zeit in ihrem Auto verbringen, können mittels spezifischer im Auto integrierter Technologien ihre Gesundheit während der Fahrt fördern. Lange Anfahrtswege und Wartezeiten beim Hausarzt können durch Automotive Health reduziert werden, da sich die Behandlung mitunter in

© Springer Fachmedien Wiesbaden GmbH, ein Teil von Springer Nature 2019

J. van Berck et al., *Automotive Health*, essentials,
https://doi.org/10.1007/978-3-658-27285-2_4

das Auto verlagert. Zusätzlich bietet Automotive Health Sicherheit durch z. B. eine integrierte Müdigkeitserkennung. Technologien aus dem Bereich Automotive Health können das Aktivitätslevel durch eine auf die Stimmung und körperliche Verfassung angepasste Innenbeleuchtung beeinflussen.

Als Chance für Automotive Health zeigt sich die kontinuierliche Erfassung und Kontrolle von Gesundheitsdaten während der Autofahrt. In Anbetracht des demografischen Wandels, des zunehmenden Arzt- und Ärztinnenmangels und der unzureichenden Versorgungsübergänge ist Automotive Health eine Ergänzung zum bestehenden Angebot aus dem Gesundheitsmarkt. Hier gilt es auch für die Automobilindustrie, den Anschluss in einem stark wachsenden eHealth-Markt nicht zu verpassen und mit innovativen Produkten neue Märkte zu belegen sowie Potenziale zu erkennen.

4.2   Herausforderungen

Eine wesentliche Herausforderung für Automotive Health stellt derzeit noch der Datenschutz dar. Dies gilt ganz besonders bei der Erfassung hoch sensibler Gesundheitsdaten. Eine McKinsey-Studie zeigt, dass Datenschutz und die Wahrung der Privatsphäre hohe Hemmschwellen bei der Nutzung von Connected Cars darstellen (vgl. McKinsey & Company 2015, S. 11). Auch führt die Literatur auf, dass Menschen der Thematik Mobile Health teilweise kritisch gegenüberstehen. Dies liegt mitunter an den unspezifischen Angeboten und den hohen Preise, die für individuelle mobile Gesundheitsanwendungen bezahlt werden müssen (vgl. Deloitte und Bitkom e. V. 2016, S. 11).

Für das Gelingen von Automotive Health sind deshalb Transparenz und klare rechtliche Grundlagen hinsichtlich der Verwendung der im Auto erfassten Gesundheitsdaten elementar. Unsicherheiten und Vorurteile gegenüber Automotive Health können nur so ausgeräumt werden. Auch sollten Dienstleistungen und Services so gestaltet werden, dass sie spezifisch auf bestimmte Zielgruppen zugeschnitten sind. Dies gilt ebenso für eine mögliche preisliche Gestaltung der Gesundheitsapps im Auto, die Flexibilität erfordert, um mit digitalen, (auto-) mobilen Services verschiedenen Zielgruppen gerecht werden zu können.

Eine weitere Herausforderung für Automotive Health stellt das Alter dar. Die Studienergebnisse zeigen, dass mit steigendem Alter die Bereitschaft, Gesundheitsangebote im Auto zu nutzen, abnimmt. Ziel muss es für das Gelingen von Dienstleistungen und Services aus dem Bereich Automotive Health sein, attraktive und leicht verständliche Gesundheitsangebote für jede Altersklasse im Auto zu schaffen. Diese sollten den Käufer nicht überfordern und schrittweise an die neuen Technologien heranführen.

Ausblick 5

Automotive Health ist ein disruptives Konzept und ein innovatives Themenfeld, welches die Bereiche Mobilität und Gesundheit unter Zuhilfenahme von u. a. Mobile Health, Electronic Health und Telehealth miteinander vereint. Automotive Health ist mitunter durch die Digitalisierung hervorgebracht worden und entwickelt sich in Zeiten der Digitalen Transformation fortan weiter. Sie setzt bestehende Geschäftsfelder und Branchen unter Druck und bedingt ein Umdenken.

Um die aktuellen Entwicklungen auf dem Gesundheits- und Automobilmarkt aus Kundensicht besser zu verstehen, können die Studienergebnisse aus diesem Buch als ersten Schritt herangezogen werden. Die Ergebnisse dienen bei der Weiterentwicklung von Automotive Health dazu, sich an den bestehenden Bedürfnissen zu orientieren und die Wünsche der Kunden in den Prozess zu integrieren.

Es zeigt sich, dass Automotive Health ein Thema ist, für welches sich die Kunden interessieren. 37 % der Probandinnen und Probanden würden Gesundheitsanwendungen im Auto nutzen, wenn diese verfügbar wären und 44 % entschieden sich für die Antwort ‚vielleicht‘. 26 % der Teilnehmenden sahen in fünf Gesundheitsanwendungen im Auto einen Nutzen und 18 % entschieden sich für vier Gesundheitsmaßnahmen. Dazu gehörten u. a. der automatische Notstopp in Gefahrensituationen, das Absetzen eines automatischen Notrufes, das Erkennen einer Notsituation wie z. B. eines Herzinfarktes sowie die Kontrolle der Leistungs- und Konzentrationsfähigkeit des Fahrenden mit entsprechenden Hinweisen.

Eher skeptisch und zurückhaltend verhielten sich die Teilnehmenden hinsichtlich der Erfassung von individuellen Gesundheitsdaten während der Autofahrt. Für das Item ‚genetische Daten‘ entschieden sich lediglich 24 Personen. 236 Personen wählten allerdings ‚Blutdruck und Puls‘ aus. Dieses Ergebnis kann zum einen auf die hohe Sensibilität der Daten zurückgeführt werden sowie zum

© Springer Fachmedien Wiesbaden GmbH, ein Teil von Springer Nature 2019   33
J. van Berck et al., *Automotive Health*, essentials,
https://doi.org/10.1007/978-3-658-27285-2_5

anderen auf die hohe Relevanz des Themas Datenschutz bei den Probandinnen und Probanden. Ebenso gab ein Großteil der Befragten an, dass niemand, nur sie selbst, Zugriff auf die im Auto erfassten Daten haben dürfte. Damit erhält das Thema Datenschutz mit der Anwendung von bestimmten Automotive-Health-Produkten eine besondere Wichtigkeit im Umgang mit sensiblen Daten.

Geschlechtsspezifisch konnte herausgestellt werden, dass Männer eher bereit sind, Automotive Health zu nutzen als Frauen. Altersspezifisch zeigte sich, dass die Bereitschaft, Gesundheitsangebote im Auto zu nutzen, mit steigendem Alter abnimmt. Personen, die bereits viele digitale Gesundheitsanwendungen nutzen sind auch eher bereit, Gesundheitsanwendungen im Auto zu nutzen, als Personen, die wenige digitale Gesundheitsanwendungen gebrauchen.

22 % der Teilnehmenden gaben an, Gesundheitsangebote im Auto als kosten-pflichtiges Zusatzangebot beim Autokauf dazu zu buchen und 30 % der Personen antworteten mit ‚nein‘. Die restlichen Personen waren unentschlossen. Im Mittel würden die Teilnehmenden ca. 10 % des Kaufpreises in Gesundheitsangebote investieren.

Auch zeigte sich, dass, die Teilnehmenden, die die Autoeigenschaften ‚automatische Funktionen‘, ‚Fahrkomfort‘ und ‚umfangreiche Innenausstattung‘ hervorhoben, ein deutliches Interesse an Gesundheitsanwendungen im Auto besaßen.

Zusammenfassend lässt sich sagen, dass Automotive Health schon heute eine Entwicklung ist, die die Menschen interessiert und neugierig macht, bislang aber noch relativ unbekannt ist. Dies bestätigte auch die Frage nach der Wichtigkeit des Themas im Voraus und im Nachhinein der Untersuchung. Die Wichtigkeit nach dem Ausfüllen des Fragebogens nahm bei den Teilnehmenden deutlich zu. In der heutigen Zeit möchten Menschen zunehmend selbstständig über ihre gesundheitlichen Belange bestimmen können und aktiv an der Optimierung ihrer Gesundheit und ihrem Wohlbefinden mitwirken. Dies wird durch die starke Nutzung von digitalen Gesundheitsanwendungen wie Applikationen, Smartwatches und anderen Wearables bestätigt. Automotive Health befindet sich im Rahmen einer zunehmenden Digitalisierung am Anfang eines neuen gesellschaftlichen Zeitabschnitts und wird durch die großen Player von Gesundheitsapps, Pharma-unternehmen und marktführenden Onlinedienstleistern stark beeinflusst. Hier sind die Autokonzerne gehalten, die Bedürfnisse ihrer Kunden nach Datensicherheit ernst zu nehmen. Automotive Health kann dazu beitragen, kundenspezifische und anwendungsfreundliche Produkte zu entwickeln, das Gesundheitswesen effizienter zu gestalten und zukünftige Versorgungsproblematiken zu verbessern.

Was Sie aus diesem *essential* mitnehmen können

- Erste, wesentliche Ergebnisse einer Pilotstudie zu den Kundenbedürfnissen nach Automotive Health.
- Einen groben Überblick über die derzeitigen Veränderungen auf dem Gesundheitsmarkt.
- Eine Einführung ins Thema Automotive Health.
- Erste Ansätze und Ideen zum Thema Kundenbedürfnisse nach Automotive Health, auf die z. B. mit einer Folgestudie aufgebaut werden kann.

© Springer Fachmedien Wiesbaden GmbH, ein Teil von Springer Nature 2019   35
J. van Berck et al., *Automotive Health*, essentials,
https://doi.org/10.1007/978-3-658-27285-2

Literatur

Accenture GmbH. (Hrsg.). (2017). Wie die Automobilindustrie die Chance der Digitalisierung richtig nutzt. Wertschöpfungspotenzial in Milliardenhöhe wird die Branche verändern. https://www.accenture.com/_acnmedia/Accenture/Conversion-Assets/DotCom/Documents/Global/PDF/Industries_18/Accenture-Automobilwoche-Beilage-2015-German.pdf. Zugegriffen: 12. Nov. 2017.

Álvarez, S. (2016). Wenn Autos gesund machen. http://digitalpresent.tagesspiegel.de/wie-autos-ges%C3%BCnder-machen-sollen. Zugegriffen: 18. Dez. 2017.

Bauer, C., Gründinger, W., Hauk, T., Kendziorra, E., Kisser, M., Köhler, R., Meiser, J., Schneider, J., Wohlgemuth, N., & Wrobel, C. (2016). Mobile Health im Faktencheck – Oft gehört, gern geglaubt: Antworten auf Mythen und Halbwahrheiten zu digitaler Gesundheit. https://www.bvdw.org/fileadmin/bvdw/upload/publikationen/digitale_transformation/ES_BVDW_Leitfaden_Mobile_Health_2016.pdf. Zugegriffen: 20. Dez. 2017.

Berg, A. (2017). Autonomes Fahren und vernetzte Mobilität. https://www.bitkom.org/Presse/Anhaenge-an-PIs/2017/02-Februar/Bitkom-Charts-Mobility-15-02-2017-final.pdf. Zugegriffen: 23. Dez. 2017.

Bertelsmann Stiftung. (Hrsg.). (2017). Elektronische Patientenakten, Flächendeckende Einführung braucht langfristige Strategie und effektive Governance-Struktur. *Spotlight Gesundheit* (Bd. 5, S. 3–4). Gütersloh: Bertelsmann Stiftung.

Bloching, B., Leutiger, P., Oltmanns, T., Remane, G., Rossbach, C., Schlick, T., Shafranyuk, O., & Quick, P. (2015). *Digitale Transformation: Was sie bedeutet. Wer gewinnt. Was jetzt zu tun ist.* Roland Berger Strategy Consultants (Hrsg.) und Bundesverband der Deutschen Industrie e. V. (BDI). (Hrsg.). https://bdi.eu/media/user_upload/Digitale_Transformation.pdf. Zugegriffen: 10. Nov. 2017.

Bödeker, F., & Glanz, A. (o. J.). IncarWellbeing: Innovations from healthcare for the automotive industry. http://www.innovationeninstitut.de/fileadmin/user_upload/White_Paper_IncarWellbeing.pdf. Zugegriffen: 23. Dez. 2017.

Born, D., Lang, A., Leutiger, P., & Parsons, C. (2016). *Deutschland digital, sieben Schritte in die Zukunft.* Internet Economy Foundation & Roland Berger GmbH (Hrsg.). https://www.rolandberger.com/publications/publication_pdf/roland_berger_ief_deutschland_digital_1.pdf. Zugegriffen: 18. Nov. 2017.

© Springer Fachmedien Wiesbaden GmbH, ein Teil von Springer Nature 2019

J. van Berck et al., *Automotive Health,* essentials,

https://doi.org/10.1007/978-3-658-27285-2

Bundesministerium für Gesundheit. (2016). E-Health. https://www.bundesgesundheits-ministerium.de/service/begriffe-von-a-z/e/e-health.html. Zugegriffen: 21. Sept. 2017.

Bundesministerium für Wirtschaft und Industrie. (Hrsg.). (2015). Industrie 4.0 und Digitale Wirtschaft, Impulse für Wachstum, Bildung und Innovation. https://www.bmwi.de/Redaktion/DE/Publikationen/Industrie/industrie-4-0-und-digitale-wirtschaft.pdf?__blob=publicationFile&v=3. Zugegriffen: 10. Dez. 2017.

Deloitte und Bitkom e. V. (Hrsg.). (2016). Mobile Health. Mit differenzierten Diensten zum Erfolg. *Studienreihe: Intelligente Netze.* https://www2.deloitte.com/content/dam/Deloitte/de/Documents/technology-media-telecommunications/TMT_LSHC_Mobile-Health-Studie.pdf. Zugegriffen: 28. Sept. 2017.

Deutscher Bundestag. (2017). Arbeitsplätze der Automobilindustrie und des Umweltverbundes. In Deutscher Bundestag Wissenschaftliche Dienste (Hrsg.), *WD 5 Wirtschaft und Verkehr, Ernährung, Landwirtschaft und Verbraucherschutz.* https://www.bundestag.de/blob/496346/1a9b4fbe228b43b15bc6fbf3de0cb195/wd-5-122-16-pdf-data.pdf. Zugegriffen: 10. Dez. 2017.

Deutsches Ärzteblatt. (2017). Bundesministerium kündigt E-Health-Gesetz Teil II an. Deutscher Ärzteverlag GmbH (Hrsg.) https://www.aerzteblatt.de/nachrichten/80676/Bun%C2%ADdes%C2%ADge%C2%ADsund%C2%ADheits%C2%ADmi%C2%ADnis%C2%ADter%C2%ADium-kuendigt-E-Health-Gesetz-Teil-II-an. Zugegriffen: 18. Dez. 2017.

Digital-Gipfel. (Hrsg.). (2017a). Deutschland intelligent vernetzt. *Digitale Gesundheit 2017.* http://deutschland-intelligent-vernetzt.org/app/uploads/2017/06/DIV_Report_Spezial_Gesundheit2017.pdf. Zugegriffen: 10. Dez. 2017.

Digital-Gipfel. (Hrsg.). (2017b). Fitness- und Healthcare-Wearables, Einfluss auf Gesundheit und Gesellschaft. http://deutschland-intelligent-vernetzt.org/app/uploads/2017/07/20170612_DIV-Position-Fitness-und-Healthcare-Wearables.pdf. Zugegriffen: 10. Dez. 2017.

Dittmar, R., Nagel, E., & Wohlgemuth, W. (2009). Potenziale und Barrieren der Telemedizin in der Regelversorgung. http://www.wido.de/fileadmin/wido/downloads/pdf_ggw/wido_ggw_aufs2_1109.pdf. Zugegriffen: 18. Dez. 2017.

Gemballa, S. (2016). Sitzfleisch gefragt – 31 Prozent der Autofahrer in Deutschland verbringen mindestens eine Stunde pro Werktag im Auto. https://www.cosmosdirekt.de/veroeffentlichungen/verweildauer-189606/. Zugegriffen: 10. Okt. 2017.

Gesundheitsstadt Berlin. (2015). LED-Licht stört Schlaf. https://www.gesundheitsstadt-berlin.de/led-licht-stoert-den-schlaf-5419/. Zugegriffen: 12. Jan. 2018.

Hirth, M. (2010). Telemedizin: *Grundlagen und Implementierung in einem kardiologischen Praxisprojekt (HerzAs).* (Masterarbeit, Ruhr-Universität Bochum). http://www.sowi.rub.de/mam/content/heinze/heinze/masterarbeit_maja_hirth.pdf. Zugegriffen: 16. Dez. 2017.

Hoberg, F. (2017). Vernetzt Fahren – die Systeme der Großen im Vergleich. https://www.welt.de/motor/article164866413/Vernetzt-Fahren-die-Systeme-der-Grossen-im-Vergleich.html. Zugegriffen: 4. Jan. 2018.

IDG Business Media GmbH. (2017). Das vernetze Auto, Mobilität der Zukunft, Fluch oder Segen. http://computerwoche.pageflow.io/connected-car#1287. Zugegriffen: 4. Jan. 2018.

Kollmann, T., & Schmidt, H. (2016). *Deutschland 4.0 – Wie die Digitale Transformation gelingt*. Wiesbaden: Springer Fachmedien.

Live-counter. (2018). Autos weltweit, Weltbestand an Autos. http://live-counter.com/autos/. Zugegriffen: 2. Jan. 2018.

Lummer, S. (Januar 2017). Automotive Health. *Magazin für Politik, Recht und Gesundheit im Unternehmen*. https://www.bkk-dachverband.de/fileadmin/user_upload/bkk_17_01_c. pdf. Zugegriffen: 13. Dez. 2017.

Lütschg, V., Reincke, E., Scheel, O., & Wintermantel, T. (2013). Mobile Health, Fata Morgana oder Wachstumstreiber. Wie attraktiv ist der Mobile-Health-Markt tatsächlich? Eine umfassende Marktanalyse gibt Antworten und zeigt Chancen und Risiken für die Pharma- und Medizintechnikindustrie vor allem in Deutschland auf. https://www.atkearney.de/documents/856314/1214732/ATK_MobileHealth_2013_complete. pdf/5181d73a-90a1-44b5-b480-1369a67635ed. Zugegriffen: 10. Okt. 2017.

McKinsey & Company (2015). Connected car, automotive value chain unbound. https://www.mckinsey.de/files/mck_connected_car_report.pdf. Zugegriffen: 23. Dez. 2016.

McKinsey Global Institute. (2015). The internet of things: Mapping the value beyond the hype. https://www.mckinsey.com/~/media/McKinsey/Business%20Functions/McKinsey%20Digital/Our%20Insights/The%20Internet%20of%20Things%20The%20value%20of%20digitizing%20the%20physical%20world/Unlocking_the_potential_of_the_Internet_of_Things_Executive_summary.ashx. Zugegriffen: 4. Nov. 2017.

Peters, A. (2015). Digital automotive. http://www.digitalwiki.de/digital-automotive/. Zugegriffen: 27. Okt. 2017.

PwC Strategy& GmbH. (Hrsg.). (2016). Weiterentwicklung der eHealth Strategie, Studie im Auftrag des Bundesministeriums für Gesundheit. https://www.bundesgesundheitsministerium.de/fileadmin/Dateien/3_Downloads/E/eHealth/BMG-Weiterentwicklung_der_eHealth-Strategie-Abschlussfassung.pdf. Zugegriffen: 2. Dez. 2017.

Roland Berger GmbH. (2016a). Digitaler Gesundheitsmarkt wächst bis 2020 um durchschnittlich 21 Prozent pro Jahr. https://www.rolandberger.com/de/press/Digitaler-Gesundheitsmarkt-w%C3%A4chst-bis-2020-um-durchschnittlich-21-Prozent-pro-Ja-2. html. Zugegriffen: 1. Dez. 2017.

Roland Berger GmbH (Hrsg.). (2016b). Digital and disrupted: All change for healthcare, how can pharma companies flourish in a digitized healthcare world? In Roland Berger GmbH (Hrsg.), *Think Act beyond mainstream*. https://www.rolandberger.com/publications/publication_pdf/roland_berger_digitalization_in_healthcare_final.pdf. Zugegriffen: 23. Mai 2019.

Schmidt, D. (2011). Unterstützung der medizinischen Versorgung durch Telematik. Möglichkeiten und Grenzen. https://www.aok-gesundheits-part-ner.de/imperia/md/gpp/bund/krankenhaus/publikationen/gutachten/arbeitspapier_unterstuetzung_durch_telematik_web.pdf. Zugegriffen: 18. Okt. 2017.

Statista. (2017a). Beschäftigte in der deutschen Automobilindustrie in den Jahren 2005 bis 2016. https://de.statista.com/statistik/daten/studie/30703/umfrage/beschaeftigtenzahl-in-der-automobilindustrie/. Zugegriffen: 9. Dez. 2018.

Statista. (2017b). Prognostizierte Umsatzentwicklung in der Automobilindustrie in Deutschland in den Jahren von 2007 bis 2021 (in Milliarden Euro). https://de.statista.com/statistik/daten/studie/248362/umfrage/prognose-zum-umsatz-in-der-automobilindustrie-in-deutschland/. Zugegriffen: 9. Dez. 2018.

Statistisches Bundesamt. (2017). Pressemitteilung vom 14.09.2017. https://www.destatis.de/DE/PresseService/Presse/Pressemitteilungen/2017/09/PD17_326_811.html. Zugegriffen: 9. Dez. 2018.

Verbraucherzentrale NRW (Hrsg.). (2015). Was leitet medizinischer Rat im Internet? https://www.verbraucherzentrale.nrw/sites/default/files/migration_files/media237162A.pdf. Zugegriffen: 20. Dez. 2017.

Vieweg, C. (2011). Wenn das Auto zum neuen Lebensraum wird. https://www.welt.de/motor/article12447504/Wenn-das-Auto-zum-neuen-Lebensraum-wird.html. Zugegriffen: 21. Jan. 2018.

Weinert, J. (2016). Mobile Health, die Zukunft bleibt spannend. https://blog.daimler.com/2016/11/30/mobile-health-die-zukunft-bleibt-spannend/. Zugegriffen: 28. Dez. 2017.

Weinert, J. (2017). Alexa and Ada meet each other in the car. http://automotive-health.com/. Zugegriffen: 10. Dez. 2017.

WHO. (1948). Constitution of the world health organization. http://apps.who.int/gb/bd/PDF/bd47/EN/constitution-en.pdf. Zugegriffen: 1. Sept. 2017.

WHO. (1986). Ottawa-Charta zur Gesundheitsförderung 1986. http://www.euro.who.int/__data/assets/pdf_file/0006/129534/Ottawa_Charter_G.pdf. Zugegriffen: 1. Sept. 2017.

Wikipedia. (2017). Automobil. https://de.wikipedia.org/wiki/Automobil. Zugegriffen: 28. Dez. 2017.

Zukunftsrat der Bayerischen Wirtschaft. (2017). Neue Wertschöpfung durch Digitalisierung. Analyse und Handlungsempfehlungen. https://vbw-zukunftsrat.de/pdf/wertschoepfung/vbw_zukunftsrat_handlungsempfehlung.pdf. Zugegriffen: 17. Okt. 2017.